Sabrina Oertel

Die dymnamische Welt der Ozeane

Nutzung, Probleme, Lösungen

GRIN Verlag

Bibliografische Information der Deutschen Nationalbibliothek:

Die Deutsche Bibliothek verzeichnet diese Publikation in der Deutschen National-
bibliografie; detaillierte bibliografische Daten sind im Internet über http://dnb.d-
nb.de/ abrufbar.

Impressum:

Copyright © 2006 GRIN Verlag, Open Publishing GmbH
Druck und Bindung: Books on Demand GmbH, Norderstedt Germany
ISBN: 978-3-656-56248-1

Dieses Buch bei GRIN:

http://www.grin.com/de/e-book/161111/die-dymnamische-welt-der-ozeane

Die dynamische Welt der Ozeane – Nutzung, Probleme und Lösungen

Inhaltsverzeichnis

1. Einleitung

Diese Arbeit soll sich mit der umfassenden Bedeutung der Meere für die Menschen beschäftigen und auf nötige Veränderung des Umgangs der Menschen mit dem Ozean hinweisen. Sie stellt zunächst die Bedeutung und den Nutzen des Ozeans für den Menschen dar, um dann auf die daraus resultierenden Umweltprobleme einzugehen. In diesem Zusammenhang werden wir nicht auf alle Bereiche des Meeres eingehen, sondern nur auf ausgewählte, wie man bereits dem Inhaltsverzeichnis entnehmen kann. In Bezug auf die einzelnen Problembereiche des Ozeans werden wir im Anschluss auf mögliche Lösungen eines ökologischeren Umgangs des Menschen mit dem Meer eingehen. Auch hierbei werden wir wieder nur ausgewählte Aspekte betrachten. Außerdem haben wir uns bei der Herausarbeitung der Lösungsvorschläge uns hauptsächlich mit der Homepage der Umweltschutzorganisation Greenpeace beschäftigt und stützen daher unsere Angaben auf diese.

2. Bedeutung des Ozeans

Die Bedeutung des Ozeans kann nicht hoch genug eingeschätzt werden, da man ihn als Wiege des Lebens betrachten kann. Der Ozean bildet die Grundlage und das Reservoir des weltweiten Wasserkreislaufs. Er ist der stabilisierende Faktor des Weltklimas, besitzt ein reichhaltiges Ökosystem und bildet einen entscheidenden Beitrag zu Nahrungsmittelgrundlage des Menschen (Rote Fahne, 2006, S. 24).

Der Ozean nimmt mit ca. 71% der Erdoberfläche den größten Teil von dieser ein. Er ist damit der größte Lebensraum für die Flora und Fauna, ca. 80% der Biomasse befinden sich in ihm. Die Erdoberfläche besteht zumeist aus Wasser. Dies hat eine große Auswirkung auf die geophysikalischen Eigenschaften der Erde (Rosenkranz, 1977, S. 9). So wird von ihm das Klima, über den Wärmetransport der Ozeanströmungen beeinflusst, wie z.B. das relativ milde Klima in Nord-West-Europa. Des Weiteren beeinflusst er den Energiehaushalt der Erde und die Begebenheiten auf dem Festland.

Der Erdozean bildet eine zusammenhängende Wasseroberfläche, wird aber in unterschiedliche Ozeanabschnitte vom Mensch eingeteilt:

	Fläche (Mio km²)	Inhalt (Mio km³)	Tiefe (m) Mittel	Maximum
Ozeane (ohne Nebenmeere):				
Pazifischer Ozean	166,24	696,19	4 188	11 022
Atlantischer Ozean	71,85	309,28	4 291	9 219
Indischer Ozean	73,43	284,34	3 872	7 130
Arktischer Ozean	12,26	13,70	1 117	5 449
Summe	323,78	1 303,51	4 026	–
Interkontinentale Mittelmeere:				
Australasiatisches Mittelmeer	9,08	11,37	1 252	7 440
Amerikanisches Mittelmeer	4,36	9,43	2 164	7 680
Europäisches Mittelmeer	3,02	4,38	1 450	5 092
Summe	16,46	25,18	1 530	–
Intrakontinentale Mittelmeere:				
Hudsonbucht	1,23	0,16	128	218
Rotes Meer	0,45	0,24	538	2 604
Ostsee	0,39	0,02	55	459
Persischer Golf	0,24	0,01	25	170
Summe	2,31	0,43	184	–
Randmeere:				
Beringmeer	2,26	3,37	1 491	4 096
Ochotskisches Meer	1,39	1,35	971	3 372
Ostchinesisches Meer	1,20	0,33	275	2 719
Japanisches Meer	1,01	1,69	1 673	4 225
Golf von Kalifornien	0,15	0,11	733	3 127
Nordsee	0,58	0,05	93	725
St.-Lorenz-Golf	0,24	0,05	125	549
Irische See	0,10	0,01	60	272
Übrige	0,30	0,15	~470	–
Summe	7,23	7,09	979	–
Ozeane mit Nebenmeeren:				
Pazifischer Ozean	181,34	714,41	3 490	11 022
Atlantischer Ozean	94,31	337,21	3 576	9 219
Indischer Ozean	74,12	284,61	3 480	7 455
Arktischer Ozean	12,26	13,70	1 117	5 449
Meer	362,03	1 349,93	3 730	11 022

Abb. 1: Ozeaneinteilung
Quelle: Rosenkranz, 1977, 13.

Des Weiteren ist der Ozean als Energiehaushalt der Erdatmosphäre, durch Strahlungs- und Energieumwandlungsvorgänge, von großer Bedeutung. Die Verdunstung der Meeresoberfläche stellt den überwiegenden Anteil des Wassers für den Wasserkreislauf auf dem Festland dar. Durch die Meeresströmungen findet der Energietransport statt, der Einfluss nimmt auf die Lebensbedingungen auf dem Festland hat. Der Ozean spielt speziell für den Menschen eine wichtige Rolle auf der Erde, da er nicht nur Nahrungsraum, Lagerstätte, Energiequelle, sondern auch noch Verkehrsträger ist.

Vergleicht man die Größe des Ozeans mit dem gesamten Erdaufbau, so ist sein Materialanteil gering. Durch seine besondere Nutzenvielfalt für den Menschen und seinen großen Einfluss auf die Umwelt und das Leben im Allgemeinen kann die Bedeutung des Ozeans jedoch nicht hoch genug eingestuft werden.

3. Nutzung des Ozeans

Die nachsehende Darstellung der Teilnutzungsmöglichkeiten des Ozeans verdeutlicht noch mal seine Vielfältigkeit:

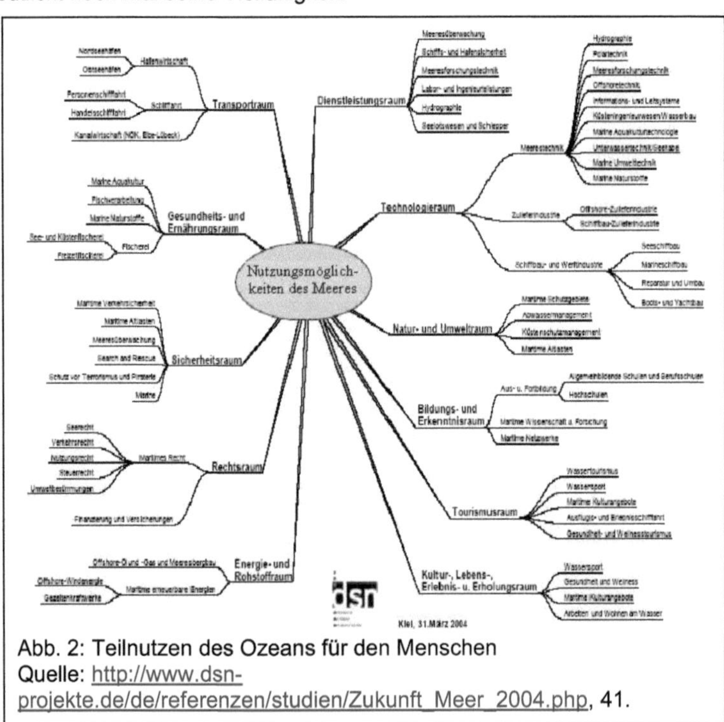

Abb. 2: Teilnutzen des Ozeans für den Menschen
Quelle: http://www.dsn-projekte.de/de/referenzen/studien/Zukunft_Meer_2004.php, 41.

Wie die obere Grafik schon zeigt, ist die Nutzung des Ozeans sehr vielseitig möglich, daher werde ich sie einmal aufzählen, um dann nur auf Einzelne einzugehen:

- <u>Rohstoffgewinnung</u>: Erdöl, Erdgas, Energie, Salz, Spurenelemente, Mangan und Süßwasser
- <u>Nahrungsmittelgewinnung</u>: Fische, Muscheln, Krebse und Algen
- <u>Rechtsraum</u> (Seerecht)
- <u>Tourismus</u>
- <u>Klimaforschung</u>
- <u>Verkehrsraum</u>
- <u>submarines Atommüllendlager</u>

Die Nutzung des Ozeans hat sich stark intensiviert mit dem Voranschreiten der industriellen Revolution. Diese machte es möglich und nötig, auf den Ozean und die in ihm verborgenen Ressourcen zurückzugreifen. Neue technische Errungenschaften sorgten dafür, dass ohne viel Rohstoff- und Zeitverlust die Ressourcen des Ozeans gewinnbringend gefördert werden konnten. So wären viele im Weiteren vorgestellte Verfahren ohne die rasante industrielle Revolution nicht möglich gewesen.

Der gesamte Weltmarktumsatz über, durch und mit dem Ozean beläuft sich 2004 auf ca. 1.200 Mrd. € (Baratta, 2003, S. 1324), es kann daher von einem großen wirtschaftlichen Nutzen des Ozeans für die Wirtschaft gesprochen werden.

3.1 Erdölgewinnung

Durch die Entwicklung von Fördertechniken kann Erdöl nun auch in Tiefen bis zu 9.000 m Tiefe gefördert werden. Man begann in der Förderung mit fest in den Boden gerammten Holzkonstruktionen, die bis zur heutigen Zeit in Venezuela angewandt werden (vgl. http://www.paperboy.de/referatanzeigen-210.html). Es folgte die Entwicklung von schwimmenden Plattformen und Hubinseln, welche die Arbeitsplattform zum Schutz vor den Wellen bis zu 20 m in die Höhe heben. Sie machen es möglich in einer Tiefe von 100 m nach Öl zu bohren. In der Reihe der Entwicklungen folgten die Halbtaucher, welche die Förderung von Erdöl erleichterten. Unter Halbtauchern werden Bohrplattformen verstanden, deren Schwerpunkt im Wasser liegt. Sie haben geflutete Ballasttanks. Durch Verankerungen im Meeresboden halten sie auch bei Sturm ihre Position über dem Bohrloch. Hinzu kommt, dass an ihnen computergesteuerte Schiffsschrauben und Sonar-Ortungen für die Unveränderlichkeit der Position sorgen. Für kleinere Bohrungen können auch Bohrschiffe genutzt werden, die über dem Bohrloch schwimmend das Öl absaugen und bei bedarf schnell ihre Position ändern können (vgl. http://www.paperboy.de/referatanzeigen-210.html).

Die Erdölgewinnung findet mit Hilfe von zwei unterschiedliche Förderungsverfahren statt: Dem Offshore- und Onshore-Verfahren. Als Beispiel für eine Offshore-Förderung kann die Gullfaks A-Plattform in der Nordsee genannt werden. Sie muss sowohl rauen klimatischen Bedingungen als auch hohem Benutzungsdruck standhalten. Sie ist auf dem Ozeangrund verankert und ihre erste Plattform befindet sich in einer Höhe von 30 m. Von ihr aus ist es möglich, eine Bohrung in 5.000 m Tiefe durchzuführen. Der Bohrungsdurchmesser beträgt einen Meter und fördert jeden Tag ca. 380 Barrel (entspricht 159 l) Erdöl. Der Betriebsdruck liegt bei ca. 500 bar, was die Rohre zusätzlich belastet. Diese Darstellung zeigt deutlich welche Gefahren der Ozean durch schwimmende Bohrinseln ausgesetzt ist. Sollte das Material den Bedingungen nicht mehr standhalten und brechen, flösse das Erdöl ungehindert in den Ozean. Hinzu kommt, dass durch die Arbeiten mit und auf den Plattformen ein enormer Lärmpegel über und im Wasser entsteht. Die dort lebenden Tiere sind einer Bedrohung ihres Lebensraumes in vielerlei Hinsicht ausgesetzt (vgl. http://www.paperboy.de/referatanzeigen-210.html).

Die eigentliche Bohrung führt der Meißel aus. Dieser muss auf die Vorort angetroffenen Gesteinsschichten abgestimmt werden. Durch das hohle Bohrgestänge wird eine Spülflüssigkeit zum Meißel gepumpt. Diese steigt außerhalb mit den Gesteinsresten auf, die durch ihre Ablagerung einen Ausbruch des Erdöls verhindert. Sollte doch Erdöl durch den Meißel vordringen, kann er mit Ventilsystem verschlossen werden (vgl. http://www.paperboy.de/referatanzeigen-210.html).

Abb. 3: Bohrmeißel
Quelle: http://www.mittelplate.de/REV2/mpa_survol.html

Bei dem Onshore –Verfahren, wird die Bohranlage auf dem Festland errichtet und der Bohrvorgang wird von dort gesteuert. Durch das schräge auftreffen des Bohrers auf den Erdboden erhält man ein größeres Loch und kann auch unzugängliche Lagerstätten restlos ausnutzen (vgl. http://www.paperboy.de/referatanzeigen-210.html).

In Deutschland wurden 1996 67 Ölfelder betrieben, bei einer durchschnittlichen jährlichen Förderung von 3 Mio. t und einem durchschnittlichen jährlichen Inlandsverbrauch von 130 Mio. t fallen diese eher wenig ins Gewicht (vgl. http://www.mittelplate.de/REV2/page_01_001.html). Bei einer Erdölgewinnung 2004 von 23,5 Mio. Barrel pro Tag in den OPEC-Länder, scheint die deutsche Förderung lächerlich gering und wirtschaftlich nicht nötig (Baratta, 2003, S. 1258).

3.2 Energiegewinnung

Die Energiegewinnung durch den Ozean beruht auf der Erzeugung von Strom. Dieser wird durch spezielle Konstruktionen erzeugt. So wird durch Staumauern bei Ebbe und Flut das Wasser gestaut und durch eine Turbine geleitet, die in Verbindung mit einem Generator Strom erzeugt. Das Wasser wird in einem Becken gestaut, wodurch das Verfahren vom Tidenhub abhängig wird, da sich diese Art der Stromerzeugung erst ab einem bestimmten Tidenhub rentiert. 1972 betrug die weltweite Elektroenergieerzeugung 5,6 Mio. GWh, die erzeugte Arbeitsleistung eines Tidenhubs beträgt 40.000 GWh (Rosenkranz, 1977, S. 109). Diese Werke nennt man Gezeitenwerk. Ihre Schwierigkeit besteht darin, dass sie durch den nötigen Tidenhubunterschied nicht so häufig errichtet werden können und auf einzelne andere natürlich Bedingungen geachtet werden muss. Durch den jeweils schwankenden Tidenhub kann nie mit einer bestimmten Menge Energie gerechnet werden (Rosenkranz, 1977, S. 110). Das größte in betriebgenommen Gezeitenwerk befindet sich in La Rance in der Bucht von St. Malo in Frankreich (Rosenkranz, 1977, S. 111). Auch durch den Gefälleunterschied an Staudämmen wird Strom gewonnen.

Eine weitere Möglichkeit Energie aus dem Ozean zu gewinnen, nutzen die Temperaturunterschiede im Wasser aus. Durch die Thermodynamik ist es möglich Wärme zu gewinnen, bei dem Übergang eines wärmeren in einen kältern Temperaturzustand. So wird warmes Oberflächenwasser unter Druck verdampft. Dieser Dampf wird durch Turbinen geleitet, die mit Generatoren verbunden sind. Der Dampf wird, nachdem er die Turbinen verlassen hat, mit Hilfe des kalten Ozeanwassers kondensiert. Die Leistung entsteht durch den Dampfdruck und die Sogwirkung, die durch die Kondensation ausgelöst wird (Rosenkranz, 1977, S. 112). Der Kühlprozess benötigt keine hinzugefügte Energie, da für sie das kalte Ozeanwasser genutzt wird. Dies zeigt, dass auch für das Energieerzeugungswerk durch Temperaturunterschiede besondere natürliche Bedingungen gegeben sein müssen. So muss eine Stelle gefunden werden, an der unterschiedlich temperiertes Oberflächenwasser vorhanden ist. Sind die Wassertemperaturunterschiede gering, benötigt man umso größere Wassermengen. Die idealen Bedingungen sind in tropischen Ozeanen anzutreffen. Diese Energiegewinnungsmethode wurde in Abidjan/Côté d`Ivore errichtet. Die Anlage produzierte 1977 10.000 kW mit einem Warmwasserverbrauch von 40 m³/s und 14 m³/s (Rosenkranz, 1977, S. 112). Die

Anlage liegt daher von der Leistung her hinter der des Gezeitenwerks, durch verbesserter Technik kann der Abstand jedoch verringert werden.

3.3   Spurenelementgewinnung

Die Spurenelementgewinnung aus dem Ozean scheint schier unendlich zu sein, daher gehe ich nur auf einige genauer ein.

Es kann unterschieden werden zwischen aufwendig produzierten Spurenelementen und einfach abgetragenen Produkten, wie Kies und Sand oder Salz. Des Weiteren unterscheidet man, zwischen Einlagerung im Ozeanboden oder Gewinnung aus dem Wasser. Die enthaltene Konzentration von Spurenelementen ist aufgrund der Größe des Ozeans hoch, wobei sich der zu betreibende Gewinnungsaufwand teilweise nicht lohnt (Rosenkranz, 1977, S. 103). Das mit am längsten gewonnene Element aus dem Ozean ist Magnesium, welches für den Flugzeugbau von Interesse ist. Seine Gewinnung geht auf das Jahr 1916 zurück, während des Zweiten Weltkrieges wurde 1/3 der 290.000 t Magnesiums aus dem Ozeanwasser gewonnen. 1977 wurden 45% der Produktion durch Ozeanwasser gewonnen (ebenda).

Die Gewinnung von Brom aus Meerespflanzen betrug 1977 80%, wobei sie noch zu den leichtern Gewinnungsmethoden gezählt wird (Rosenkranz, 1977, S. 105).

Eine wichtige Umwandlung ist die Gewinnung von Süßwasser aus dem salzhaltigen Ozeanwasser, besonders in wasserarmen Gebieten an der Küste.

Erwähnenswert ist die Manganknollengewinnung, da sie besonders viele Schäden auf dem Ozeanboden hinterlässt. Mangan kann zur künftigen Metallbedarfdeckung gesehen werden, was dem Metall eine große Bedeutung und wirtschaftlichen Nutzung einbrachte. Seit 1872 sind die Manganknollen bekannt, ihre mögliche Einsetzbarkeit ist jedoch erst nach dem Zweiten Weltkrieg entdeckt worden (Rosenkranz, 1977, S. 107). Manganperoxid kommt in Körnern, Knoten, Knollen, Scheiben und Überzügen vor, am häufigsten sind jedoch die namengebenden Knollen. Um das Mangan vom Erdboden an die Ozeanoberfläche zu bekommen, werden am Rand stark beschwerte Netze herab gelassen. Die Schiffe fahren ein Gebiet ab, wobei die Manganknollen in die Netze kullern. Nach der „Manganernte" bleibt nur noch eine Steinwüste zurück, es sind keine ehemaligen Strukturen mehr zu erkennen. Dadurch wird Jahrmillionen gewachsener Boden ohne genaues Wissen über ihn zerstört.

Weitere nutzbare Elemente aus dem Ozeanwasser sind Gold, Diamanten, Korallen, Phosphor, Titan-, Zinn-, Eisen- und Magnetiteisenerz sowie in Rotem Ton:

Aluminium, Mangan, Titan, Eisen, Nickel, Blei, Silber und Kupfer (Rosenkranz, 1977, S. 106-107).

3.4 Nahrungsmittelgewinnung

Die am häufigsten gewonnen Nahrungsmittel aus dem Ozean sind tierischen Ursprungs. In Asien werden jedoch auch Algenfarmen betrieben, wie sonst Fisch- oder Meerestierfarmen.

Durch den steigenden Nahrungsmittelbedarf der wachsenden Weltbevölkerung stieg auch der Fischfang kontinuierlich an. So betrug 1900 die Weltbevölkerung 1,6 Mrd. Menschen gegenüber von 4,5 Mio. t Fischfang (Rosenkranz, 1977, S. 94). Mit der verbesserten Technik können nun die Fische schon direkt nach dem Fang weiter verarbeitet werden. So lebten 1963 3,2 Mrd. Menschen auf der Erde, die Fischfangerträge verzehnfachten sich (ebenda), 2002 beliefen sie sich auf 135 Mio. t Fisch, bei einer Weltbevölkerung von 6 Mrd. Menschen (Baratta, 2003, S. 1187), was ca. 16 kg/pro Kopf Fisch ausmacht (Rote Fahne, 2006, S. 24).

Die ständig verbesserten Fischfangmethoden tragen einen großen Teil dazu bei. Man unterscheidet zwischen:

- Binnenfischerei: findet in Gewässern vor dem Festland statt
- Hochseefischerei: auf offener See außerhalb des Küstenbereichs
    - Trawlerfischerei: schwimmende Weiterverarbeitungsfabriken, die den frischen Fang an Bord schon zu Fischstäbchen verarbeiten könne und die Lieferung über Helikopter an Land liefern, so dass sie wochenlang nicht anlegen müssen.
    - Elektrofischerei: durch elektrische Impulse wird ein elektrisches Feld erzeugt, welches bei starker Feldstärke ganze Fischschwärme anlockt und sie dann im Bereich der Elektroden betäubt. Geringe Feldstärken schrecken Fischschwärme ab, so kann für jeden Schwarm gesondert entschieden werden, ob die Fische genug Ertrag bringen würden (Rosenkranz, 1977, 96).
    - Lichtfischerei: durch den Einsatz von Licht werden auch in großer Tiefe lebende Fische angezogen und gefangen (ebenda).
    - Fischschwarmortung über Echolot: die Ortung durch das Echolot erleichtert die Fischerei um einiges, denn mit ihm kann der Aufenthaltsbereich, die Zugrichtung und die Größe des Schwarms bestimmt werden, bis in eine Tiefe von 2.000 m (ebenda).

- <u>Hobbyfischerei</u>: diese Art der Fischerei fällt fast gar nicht ins Gewicht, da unter ihr z.B. angeln von Privatpersonen verstanden wird.

Hinzu kommt, dass die in der Fischerei Beschäftigten sich seit 1970 auf 21 Mio. Vollerwerbsfischer verdoppelt haben. Auch die Tätigkeiten um die Fischerei haben zugenommen, z.B. 200 Mio. Erwerbstätige, die von der Fischerei leben (Rote Fahne, 2006, S. 24). Das heißt, dass die Fischerei eine große gesellschaftliche Rolle spielt und ihre Verringerung nicht ohne gesellschaftliche Veränderung umgesetzt werden kann.

Die Weiterentwicklung der fasernbildenden Stoffe, hat in der Fischerei für reißfeste Netze gesorgt, die mit der Entwicklung einhergehend immer größer wurden: so haben die Trawler Schleppnetze (mit einem Fassungsvermögen von bis zu 12 Jumbojets) oder trichterförmige Netze, die von einem oder zwei Schiffen gezogen werden, ein Fassungsvermögen von 600 t Fisch (Rote Fahne, 2006, S. 25). Ein Teil des Netzes ist mit Rollen ausgestattet, so dass es über den Ozeanboden rollen kann und sichergestellt ist, dass sich jedweder möglicher Fang im hinteren Teil des Netzes befindet. Die Öffnung kann nach bedarf zugezogen werden, bevor das Netz an die Oberfläche gehoben wird (Rosenkranz, 1977, S. 96). Die dadurch entstehenden Zerstörungen einmaliger, meist noch unerforschter Tiefseeböden ist drastisch.

Bei der Ringwade wird um die Fischschwärme in geringer Höhe ein 1.500 m langes und 150 m in die Tiefe reichendes Netz gelegt, welches auch vor dem Heraufholen zusammengezogen werden kann (ebenda).

Abb. 4: Fischfangnetze
Quelle: Rote Fahne, 2006, 25.

Im Zusammenhang mit der Nahrungsmittelproduktion im Ozean ist die Aquakultur zu erwähnen. Aquakultur bedeutet die Zucht, meist von Garnelen, im offenen Meer oder im Küstengebiet mit Ozeanzugang. Durch den Einsatz von Chemikalien, um die Aufzuchtsbedingungen zu besseren, wird das Wasser und das angrenzende Land verunreinigt. Da die meisten Garnelenfarmen in Mangrovenwäldern liegen, können die Chemikalien direkt die Wurzeln angreifen. Auf diese Weise wurden in Thailand bereits die Hälfte der küstenschützenden Mangrovenwälder zerstört (Rote Fahne, 2006, S. 25).

Doch auch in Fischfarmen fallen Unmengen an chemikalischen Abfällen (Düngemittel, Medikamente und Fischmehl) an, so produziert die Lachszucht British Columbia in Kanada genauso viel Müll wie eine ½ Mio. Menschen pro Jahr (Rote Fahne, 2006, S. 25).

3.5 Verkehrsraum

Durch die verbesserten technischen Möglichkeiten des Schiffbaus stieg auch die verstärkte Nutzung des Ozeans als Verkehrsmedium an. 1972 wurden eine Warenmenge von knapp 3 Mrd. t (Rosenkranz, 1977, S. 113) über den Ozean transportiert, was sich bis 2004 auf fast 6 Mrd. t steigerte (Baratta, 2003, S. 1294). Dies konnte über mehr Fassungsvermögen der Schiffe geschafft werden. Die am meisten fassenden Schiffe sind derzeit die Containerschiffe, die bis zu 3.000 Container fassen können (Rosenkranz, 1977, S. 114). Der verstärkte Schiffsverkehr führt zu höherer Umweltbelastung durch Treibstoffe und die Entsorgung des Mülls auf bzw. in den Ozean.

Doch nicht nur der Warentransport, sondern auch der Personentransport nahm zu, was zu Veränderungen des Naturraums führt. So werden beispielsweise stark befahrene Wasserrinnen künstlich vom Eis befreit.

3.6 Submarines Atommüllendlager

Als letzte hier vorgestellte Nutzungsmöglichkeit, stelle ich den Vorschlag eines submarinen Atommüllendlagers von dem Professor für Geologie Stefan M. Lüthi vor (vgl. http://www.impulsmittelschule.ch/deu/pressearchiv/Der_Landbote_18-01-2006_2185107). Er schlägt vor den entstandenen internationalen Atommüll in Erdbeben sicheren Zonen des Ozeanbodens zu vergraben. Der Ozeanboden ist an diesen Stellen meist mit Tonmineralien sedimentiert, die in vorangegangenen Test eine große Undurchlässigkeit für radioaktive Strahlen gezeigt haben (vgl. http://www.impulsmittelschule.ch/deu/pressearchiv/Der_Landbote_18-01-2006_2185107). Dort sind zum einen die Menschen nicht betroffen, und diese Gebiete seinen, so Professor Lüthi, für natürliche Ereignisse, wie Tsunamis nicht erreichbar. Doch noch darf bis 2018 kein radioaktiver Abfall auf oder im Ozeanboden gelagert werden, wie in der 1993 beschlossenen Londoner Convention, mit ca. 80 Signatoren festgesetzt wurde (vgl. http://www.impulsmittelschule.ch/deu/pressearchiv/Der_Landbote_18-01-2006_2185107). Hinzu kommt, dass durch die fortwehrende, natürliche

Sedimentation des Ozeans den Atommüll immer tiefer in die Erdkruste verstinken würde. Professor Lüthi hält diese Lösung für sicher, mindestens eine Mio. Jahre lang. Andere Vorschläge wollen das Atommüllendlager in Subduktionszonen anlegen, um eine schnellere Zersetzung des radioaktiven Materials zu gewährleisten.

4. Probleme

4.1 Erdölförderung

In den nächsten Jahren wird der Erdölbedarf weiterhin gesteigert, bei gleichzeitig sinkenden Ressourcen, so dass man bei der Erdölförderung in immer größere Tiefen vordringen muss (submarine Bohrungen) (vgl. www.greenpeace.de). Nach dem Verbrauch der Ölquellen im Meer bleiben oftmals die Bohrplattformen zurück, wie das Bespiel der Plattform „Brentspar" des Shell-Konzerns deutlich zeigt. Nachdem diese stillgelegt worden war, beabsichtigte man die Bohrinsel mit samt den auf ihr verbliebenen Chemikalien im Meer zu versinken, statt sie sachgerecht an Land zu entsorgen. Greenpeace setzte sich dafür ein, dass die Plattform demontiert und entsorgt wurde (vgl. www.greenpeace.de).

Die Umweltschutzorganisation ist generell darum bemüht, Bestimmungen durchzubringen, welche die Förderung von Öl erstens sicherer und zweitens umweltverträglicher machen. Dennoch gibt es keine 100%ige Sicherung von Bohrinseln oder Pipelines. Auf dem Meer kann eine Plattform immer wieder einmal durch große Sturmfluten usw. beschädigt werden und auch die Pipelines auf dem Land sich vor Beschädigungen nicht sicher.

Abb. 5: Bohrinsel
Quelle: http://www.mittelplate.de/REV2/mpa_survol.html.

4.2 Überfischung

Auch in Bezug auf die Überfischung ergeben sich Probleme für die Meere. Die Welternährungsorganisation FAO schätzt, dass bereits 75 % aller kommerziell genutzten Fischarten überfischt sind oder am Rande der Überfischung stehen (vgl. www.greenpeace.de). Damit sich die Fischbestände erholen könnten, müssten die Hälfte der rund 100.000 Fischereischiffe stillgelegt werden.

Besonders kritisch ist die Situation in den europäischen Gewässern, aber auch im Nordatlantik sind zwei Drittel der Speisefischbestände akut bedroht (vgl. www.greenpeace.de).

4.3 Probleme für das Klima

Die Ozeanische Zirkulation spielt eine große Rolle bei der globalen Verteilung der eingestrahlten Sonnenenergie auf der Erde. Ozeanströme und atmosphärische Zirkulation transportieren etwa gleich viel Wärme von den Tropen in die gemäßigten Breiten (vgl. Rhein, M. & Kicke, D., 2002, S. 59). Im Folgenden möchte ich die Probleme für das Klima erläutern, die sich durch die Erwärmung der Erdatmosphäre ergeben. Dabei werde ich mich auf den Golfstrom beziehen.

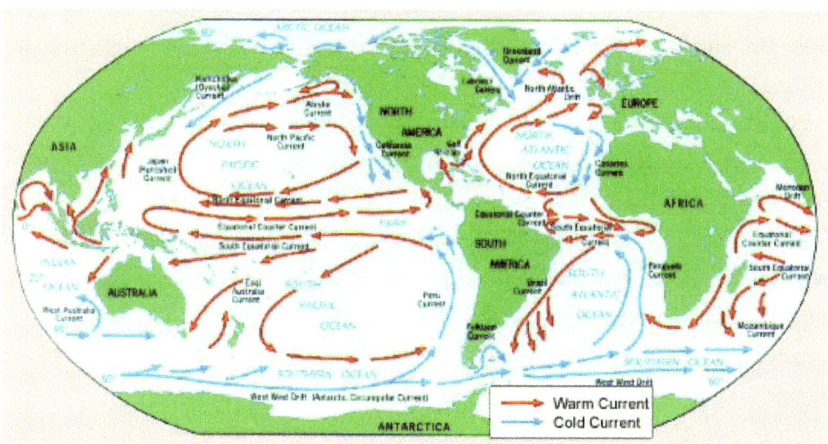

Abb. 6: Ozeanische Zirkulation

Im Nordatlantik wird Wärme in den oberen 500 m durch den Golfstrom nach Norden transportiert, wobei die Wärme langsam an die Atmosphäre abgegeben wird. In den höheren Breiten vorherrschende Westwinde schaffen die Wärme nach Nord- und Westeuropa. Aufgrund dessen sind die Winter in Europa wesentlich milder, als die in Kanada (vgl. Rhein, M. & Kicke, D., 2002, 59).

Auf dem Weg nach Norden kühlt die warme Strömung immer weiter ab. Infolge dessen wird das Wasser an der Oberfläche dichter und sinkt in die Tiefen des Ozeans. Dieses Absinken geschieht in der Labradorsee zwischen Kanada und Grönland sowie nördlich von Island. Von dort aus fließt das abgesunkene Wasser als kalter Tiefenstrom nach Süden (vgl. Rhein, M. & Kicke, D., 2002, S. 59). Im Südatlantik gelangt das kalte Wasser in den Indischen und in den Pazifischen Ozean. Im Gegenzug dazu strömt an der Oberfläche aus beiden Ozeanen warmes Wasser in den Südatlantik und von dort aus in unserer Breiten zurück.

Das Wasser der Ozeane hat die Eigenschaft, Treibhausgase aufzunehmen und diese im Tiefenwasser einzulagern. Durch die ozeanische Tiefenströmung erfolgt eine Mitnahme und Verteilung dieser Gase, ein Vorgang, der eine wichtige Rolle bei der Regulierung des Treibhauseffektes spielt. Erwärmt sich allerdings das Wasser durch die allgemeine Erwärmung der Erdatmosphäre, kann es nicht mehr so viele Gase aufnehmen, einlagern und umverteilen, so dass diese Gase in der Atmosphäre bleiben (vgl. Rhein, M. & Kicke, D., 2002, S. 59).

Weiterhin kommt es aufgrund der Erderwärmung zum Abschmelzen der Polkappen. Diese bestehen aus Süßwasser, der Ozean aus Salzwasser. Vermischt sich dieses Süßwasser dann mit dem Salzwasser, verändern sich die chemischen und physikalischen Eigenschaften des Meerwassers. Daraufhin kann nicht mehr so viel Wärme aufgenommen und nach Norden transportiert werden, wo es dann wiederum auch zu keinem Abkühlen und Absinken des Wassers kommt. Der Kreislauf ist unterbrochen. Es wird nicht mehr genügend Wärme aus den niedrigen in die höheren Breiten transportiert, so dass sich das Klima in Europa verändert.

4.4   Verkehrsprobleme

In Bezug auf diesen Aspekt habe ich zwei Arten von Problemen unterschieden. Zum einen die Tankerunglücke, wie zum Beispiel das der „Prestige" am 13.11.2002 vor der spanischen Atlantikküste. Zum anderen der Unterwasserlärm, der durch Bohrinseln, Schiffslärm, militärische Schallexperimente oder Erkundungsexplosionen der Ölförderung verursacht wird (vgl. www.greenpeace.de). Besonders Wale und

Delphine sind extrem anfällig für diesen Lärm, da dadurch ihre Kommunikation gestört wird. Sie können sich nicht mehr orientieren, woraufhin es unter anderem zu Walstrandungen kommt, wie sie in den vergangenen Jahren des Öfteren passiert sind.

5. Lösungen

5.1 Erdölförderung

Wie bereits erwähnt, hat sich Greenpeace für eine sachgerechte Entsorgung von Bohrinseln eingesetzt. Bis 1998 wurden diese einfach mit samt ihren Schadstoffen im Meer versenkt. Heute gibt es eine Bestimmung, dass dies nicht mehr geschehen darf. Die Bohrinseln müssen demontiert und an Land sachgerecht entsorgt werden (vgl. www.greenpeace.de). Allerdings gibt es keine endgültige Lösung für die Umweltprobleme, die sich durch Bohrinseln oder Pipelines ergeben, wie ich bereits im vorangegangenen Abschnitt erläutert habe.

5.2 Überfischung

Greenpeace hat Prinzipien für eine ökologische Fischerei herausgegeben (vgl. www.greenpeace.de). Ziel dessen war es, die ökologischen Auswirkungen des Fischfangs zu verringern. Sie wurden von Wissenschaftlern, Politikern, Fischern und Industrie gleichermaßen diskutiert.

Abb. 7: Fischfangmethoden

Prinzipien für eine ökologische Fischerei (vgl. www.greenpeace.de)

- Die Befischung darf die natürliche Größe und Struktur der Bestände nicht wesentlich verändern.
- Die Befischung darf die Fähigkeit keiner Art gefährden, gegen Veränderungen der Umwelt zu bestehen.
- Die Fischerei darf weder eine Art oder einen Bestand gefährden, noch die Erholung bedrohter oder gefährdeter Bestände behindern.
- Eine Fischerei muss in ökologisch sensiblen Gebieten verboten werden.Verschwenderische Formen der Fischerei müssen abgeschafft werden.
- Beifang ist zu vermeiden.Ein Fischerei-Management muss die Aktivitäten von Fischern regeln, nicht die Ökosysteme. Die Fischereiproduktion darf nicht gesteigert werden.
- Die Herstellung von Fischprodukten und deren Vermarktungsprozesse müssen mit den Kriterien der *clean production* übereinstimmen (damit ist gemeint, dass der gesamte Produktionsverlauf ökologischen Kriterien genügen muss und auf Chemikalien verzichtet werden soll).

5.3 Klima – Forderungen für den Klimaschutz

Zuerst einmal muss die Emission von Treibhausgasen in Zukunft weiter drastisch reduziert werden, um ein weiteres Abschmelzen der Polkappen zu verhindern. Welche Auswirkungen dies auf die Meere hat, habe ich im vorangegangenen Abschnitt erläutert. Außerdem sollte alle zwei Jahre eine Überprüfung der Klimaschutzziele des Kyoto-Protokolls durchgeführt werden. Weiterhin müssen Sanktionsmaßnahmen entwickelt werden für den Fall, dass ein Land seine Emissionsverpflichtungen nicht einhält (vgl. www.greenpeace.de). Ein Verbot des Emissionshandels, sowie die Einbeziehung erneuerbarer Energien und die Verbesserung deren Anwendung sollten weitere Lösungsansätze sein.

5.4 Verkehrsproblemlösungen

In diesem Zusammenhang möchte ich erst einmal eine kleine Auflistung der schwersten Tankerunglücke der vergangenen 30 Jahre machen (vgl. www.greenpeace.de):

- 1978: Bretange (Frankreich) = 227.000 t
- 1983 Südafrika = 257.000 t
- 1991 Angola = 260.000 t
- 1993 Großbritannien = 85.000 t
- 2002: Galizien (Spanien) = 77.000 t.

Dies sind bei Weitem noch nicht alle Tankerunglücke der letzten 30 Jahre. Obwohl man deutlich erkennen kann, dass zumindest die Menge des ausgelaufenen Öls sich verringert hat, gingen mit all diesen Unfällen immer noch zahlreiche Beschädigungen der Umwelt einher.

Lösungen für das Problem der Tankerunglücke wären unter anderem ein weltweites Verbot für Tanker, die älter als 20 Jahre sind und keine Doppelhülle besitzen. Außerdem sollten Notliegeplätze für Schiffe in Problemsituationen weltweit bereitgestellt werden (vgl. www.greenpeace.de). Für gefährliche Schifffahrtsrouten sollte eine Lotsenannahmepflicht für alle beladenen Tanker herausgegeben werden. Des Weiteren müssen Sanktionsmechanismen für Schiffe in Gang gesetzt werden, die an Bord mitgeführte Schadstoffe einfach ins Meer einleiten.

5.5 Allgemeine Lösungsvorschläge

Selbstverständlichen haben auch wir uns Gedanken gemacht, welche Möglichkeiten es noch zur Lösung des Problems der Ozeane geben könnte. Dabei sind wir zu der Einsicht gekommen, dass vor allem erst einmal das Bewusstsein für die Bedeutung des Meeres in den Köpfen der Menschen geschaffen werden muss. Erst wenn die Menschen erkennen, wie wichtig das Meer für das Überleben der gesamten Menschheit ist, ist es möglich, Lösungen konkret durchzusetzen.

Weiterhin sollte die Kooperation der Staaten untereinander gestärkt werden, um die Umweltprobleme zu lösen, die sich in Bezug auf die Meere ergeben. Außerdem sollte stärkere Kontrollmechanismen eingeführt werden, da es nur auf diese Weise möglich ist, die angeführten Lösungsmaßnahmen effektiv anzuwenden.

6. Fazit

Die Arbeit zeigt, dass der Ozean von sehr großem Nutzen für den Menschen ist und die Wirtschaft diesen ohne Rücksicht auf Regenerierbarkeit ausnutzt.

Das Umdenken des Einzelnen kann nur etwas verändern, wenn sich die Politik und die Wirtschaft daran beteiligen. Eine wirkliche endgültigere Lösung kann nur gesellschaftlich gefunden werden, wenn nicht mehr der Profit als Antriebsmotor fungiert, sondern das Wohl der Menschen, der Tiere und der Erde als ganzes die wirtschaftlichen Tätigkeiten bestimmt.

7. Literaturverzeichnis

- Arndt, Ernst Albert (1969): Das Meer. Urania-Verlag. Leipzig
- Baratta von, Mario (2003): Der Fischer Weltalmanach 2004. Zahlen, Daten, Fakten. Frankfurt/M. Fischer Taschenbuch Verlag
- Brückner, Helmut (1995): Die Entstehung der Ozeane. In: Geographische Rundschau 47, H. 2, S. 74-81.
- Jeschke, Gerd & Jeschke, Björn (1995): Das Meer als Rohstoffquelle. In: Geographische Rundschau 47, H. 2, S. 82-89.
- Marcinek, Joachim & Rosenkranz, Erhard (1996): Das Wasser der Erde. Eine geographische Meeres- und Gewässerkunde. Justus Perthes Verlag. Gotha. 2. Auflage.
- Marcinek, Joachim & Rosenkranz, Erhard (1996): Das Wasser der Erde. Eine geographische Meeres- und Gewässerkunde. Justus Perthes Verlag. Gotha. 2. Auflage.
- Rhein, Monika (2002): Was hat der Ozean mit dem Klima zu tun? Bremer Ozeanographen untersuchen die Strömungen im Atlantik. In: Der Ozean – Lebensraum und Klimasteuerung. Weltweite Meeresforschung in Bremen und Bremerhaven, Hrsg.: Die Wittheit zu Bremen, Bremen, S. 59-62
- Rosenkranz, Erhard (1977): Das Meer und seine Nutzung. Gotha/Leipzig. VEB Hermann Haack, Geographischen-kartographische Anstalt.
- Rote Fahne (2006): Raubbau an den Meeren oder umweltverträgliche Nutzung?. 37. Jg. Nr. 30. S. 24-25.
- Tiedemann, Ralf (1995): Meeressedimente – Zeugen der Ozean- und Klimageschichte. In: Geographische Rundschau 47, H. 2, S. 97-104.
- http://www.mittelplate.de/REV2/mpa_survol.html, Zugriff: 15.06.2006 um 16.00 Uhr.
- http://www.mittelplate.de/REV2/page_01_001.html, Zugriff: 15.06.2006 um 16.00 Uhr.
- http://www.dsn-projekte.de/de/referenzen/studien/Zukunft_Meer_2004.php, Zugriff: 15.06.2006 um 16.00 Uhr.
- www.greenpeace.de, Zugriff am 15.06.2006 um 16.00 Uhr.
- http://www.paperboy.de/referatanzeigen-210.html, Zugriff am 14.08.2006 um 13.00 Uhr.

- http://www.impulsmittelschule.ch/deu/pressearchiv/Der_Landbote_18-01-2006_2185107, Zugriff am 14.08.2006 um 13.00 Uhr.

8. Abbildungsverzeichnis

- Abb. 1: Ozeaneinteilung. Quelle: Rosenkranz, 1977, S. 13.
- Abb. 2: Teilnutzen des Ozeans für den Menschen. Quelle: http://www.dsn-projekte.de/de/referenzen/studien/Zukunft_Meer_2004.php, 41.
- Abb. 3: Bohrmeißel. Quelle: http://www.mittelplate.de/REV2/mpa_survol.html.
- Abb. 4: Fischfangnetze. Quelle: Rote Fahne, 2006, S. 25.
- Abb. 5: Bohrinsel. Quelle: http://www.mittelplate.de/REV2/mpa_survol.html.
- Abb. 6: Ozeanische Zirkulation. Quelle: www.google.de
- Abb. 7: Fischfangmethoden. Quelle: www.greenpeace.de.